# 果酱

## 纯天然手作

Chuntianra
Shouzuo Guojiang

MIKI 主编

中国轻工业出版社

**图书在版编目（CIP）数据**

纯天然手作果酱 / MIKI 主编 . -- 北京 ：中国轻
工业出版社，2017.7
ISBN 978-7-5184-1440-6

Ⅰ . ①纯… Ⅱ . ① M… Ⅲ . ①果酱－制作 Ⅳ .
① TS255.43

中国版本图书馆 CIP 数据核字（2017）第 136702 号

责任编辑：朱启铭　　　　策划编辑：王巧丽　朱启铭　　　责任终审：唐是雯
版式设计：金版文化　　　封面设计：奇文云海　　　　　　责任监印：张京华
图文制作：深圳市金版文化发展股份有限公司

出版发行：中国轻工业出版社（北京东长安街 6 号，邮编：100740）
印　　刷：北京博海升彩色印刷有限公司
经　　销：各地新华书店
版　　次：2017 年 7 月第 1 版第 1 次印刷
开　　本：720×1000　　1/16　　印张：10
字　　数：120 千字
书　　号：ISBN 978-7-5184-1440-6　　　　定价：39.80 元
邮购电话：010-65241695　　传真：010-65128352
发行电话：010-85119835　　85119793　　传真：010-85113293
网　　址：http://www.chlip.com.cn
Email:club@chlip.com.cn
如发现图书残缺请直接与我社邮购联系调换
170317S1X101ZBW

# 前言
## Preface

　　果酱味道香甜可口，既保存了水果特有的风味，又有多种食用方法，能与多种食材搭配，吃出不一样的风味。而且果酱的保质时间相对长一些，保存起来也方便，广受人们喜爱，成为热爱生活、追求品质生活的人们早餐、甜品、下午茶等的绝佳搭配。

　　然而，市售的果酱大多含有多种添加剂，过量食用有害人体健康。为了最大限度保留水果的营养价值和风味，规避市售果酱添加剂的危害，本书倡导读者自己动手，制作纯天然的营养果酱，在手工制作的过程中享受美味、收获健康。

　　本书凝聚了果酱达人多年的实践经验，除了介绍果酱的营养价值、手作果酱的食材及工具、果酱的制作和保存等实用知识外，还收录了五十余款人气果酱配方，从原汁原味的单果果酱、口感丰富的双料果酱，到加入香料花草的复合果酱、充满异域情调的酒香果酱等，并介绍多种果酱的美味搭配、新奇吃法，比如搭配吐司、布丁、蛋糕、刨冰……吃法多样，应有尽有。

　　总有几款果酱、几种搭配适合你，果酱制作不仅简单方便，而且滋味绝佳，轻轻松松就能为家中的餐桌增添生趣，让你胃口大开，甜蜜美味尽入口中。

# 目 录
## Contents

# 第一章

## 知识秘诀，
## 手作果酱需知道

# 手作果酱，营养美味

现在许多人早午餐、下午茶选择吃面包，抹上大量的黄油或芝士佐食。然而，吃太多奶制品对健康没有好处，一个更健康的选择是果酱。不同于含有大量脂肪的黄油和芝士，果酱的营养价值很高，是更为健康的吃法。

## 增强食欲、帮助消化

果胶是果酱中非常典型的营养素，它实际上是一种柔软的膳食纤维，不仅比普通的粗纤维吸水性更强，还不会像粗纤维一样有伤害食道或胃、肠道的危险。果酱还含有天然果酸，能促进消化液分泌，有增强食欲、帮助消化之功效。

## 预防癌症

目前已经有许多研究将各种癌症的形成与膳食联系起来。特别是膳食对消化道癌症和结肠癌的形成，似乎确实存在一定联系。科学研究发现，果胶中的半乳糖分子与细胞表面具有信息传递功能的糖蛋白质分子结合，可以阻断癌细胞的转移。

## 缓解缺铁性贫血

果酱细软、酸甜，拥有各自水果的营养成分，营养极为丰富。果酱中含有丰富的矿物质和纤维等，还有一些抗氧化成分，如类黄酮、花青素。此外，果酱还能增加色素，对缺铁性贫血有辅助疗效。

果酱含丰富的钾、锌元素，能帮助消除疲劳。婴幼儿吃果酱可补充钙、磷，对预防佝偻病有一定效果。

## 排毒减重

果胶对因饮食过量引起的肥胖有一定的缓解作用，可帮助减轻体重。实验显示，在膳食中加入果胶，可以使胃排空时间延长。这样可以延缓碳水化合物等的吸收，并防止血糖浓度波动过大，增加饱腹感。在胃、肠道中果胶的水合反应也有助于增加饱腹感，从而减少食物摄取量。

果胶还有排毒的效果，作为一种天然的预防性药物，对处理从胃、肠道及呼吸器官进入人体的铅、汞等有毒阳离子有一定效果。

# 手作果酱的食材

大多数人都喜欢水果，但是很多水果不易保存，如果将其制作成果酱，可以延长保存时间。除了因为果酱的味道香甜可口之外，还因为果酱把各种水果、糖分及调节剂混合，极大限度地保持了水果特有的风味，因此许多人对于果酱情有独钟。

## 适宜做果酱的食材

### 水果

#### 果胶、果酸含量较高的水果

一般的水果都可以用来做果酱，不同的是，有的水果含果胶、果酸多，煮后容易凝固，因此更适合家庭果酱制作；而有的水果需要添加凝固剂才能达到最佳的果酱凝固状态，因而家庭制作起来比较麻烦。

果胶含量较高的水果：青苹果（未成熟苹果）、柠檬、柑橘、柿子等。

果胶含量中等的水果：浆果类水果，如草莓、蓝莓、覆盆子等。

果胶含量较低的水果：梨、红苹果、猕猴桃、芒果等。

一般来说，选择果胶、果酸含量较高的水果做果酱，制作简单，且易把握黏稠度。但这并不代表果胶、果酸含量低的水果不能用来制作果酱。

#### 未熟透的果实

比起熟透的果实，制作果酱选用稍微有些不成熟的水果或者刚刚成熟的水果是最好的，因为它们含有更多的果胶和有机酸。

制作果酱可以用单种水果，但几种水果混合起来，味道也非常好。

#### 富含花青素、类黄酮和矿物质的水果

从原料来说，用富含花青素、类黄酮和矿物质的水果制作的果酱营养价值更高。比如说，蓝莓果酱自然是极佳选择，优质的山楂果酱和草莓果酱也非常出色。

## 糖

### 白砂糖

一般来说，做果酱只需要水果和白砂糖就行，白砂糖和水果的比例大约是 1：3，可以根据水果的甜度和个人的口味适当地作调整。需要补充说明的是，白砂糖是很好的纯天然防腐剂，用量越少，果酱能存放的时间也就越短。

### 冰糖

冰糖也可以代替白砂糖，用于果酱的制作。在做果酱的过程中添加冰糖，可以增加果酱成品的光泽。当然，冰糖和白砂糖混合使用也是可以的。

### 麦芽糖

制作果酱时添加麦芽糖也是一个不错的选择。和白砂糖、冰糖一样，麦芽糖也有增加风味、延长保质期的作用。同时，麦芽糖还可以增加果酱的浓稠度，增加色泽。

## 蜂蜜

蜂蜜是手作果酱的好伴侣，据说最早在欧洲出现的果酱就是用蜂蜜与果肉混合制成的。在制作果酱时，可以根据自己的口味加入几大勺蜂蜜，搅拌均匀。蜂蜜虽美味，但也不可多加，以免它的甜味盖过水果的清香。

## 柠檬汁

对于果胶含量较低的水果，可以加入柠檬来增强凝胶作用。可以把柠檬榨成汁使用，或是将新鲜柠檬切片放进去，都可以充分利用柠檬的丰富果胶。

柠檬汁是做果酱的好帮手，除了增强凝胶作用外，还可以调整酸度和改善果酱风味。另外，它还有抗氧化作用，可阻止水果变色。柠檬不需要多，一般只需要半个到2个就可以。需要注意的是，过度的酸性会使果胶失效。

## 水

如果是含水量少的水果，如苹果、梨等，熬煮时可加些水。另外，在处理水果的过程中，如用料理机打碎，都不可避免地要加些水。

除此之外，还可以根据自己的口味添加香料、花草、酒等调味，放一点柠檬酸和果胶还是可以接受的，但香精、色素、防腐剂、琼脂之类的配料最好不要用于家庭果酱制作中。

# 水果选购指南

## 挑选时令水果

时令水果就是在各个季节中按照自然规律成熟的各种水果。水果要当季成熟的才好吃，而且不担心因被催熟而存在食品安全隐患。

## 挑选大小适中的水果

体积太大的水果极有可能是在生长过程中使用激素、膨大剂催熟的，有害人体健康。

## 最好吃当地应季生产的水果

北方卖的南方水果大都是催熟的，因为南方果子熟了后不好运输，只能将生的运过来再加工，使之成熟。所以，尽量吃本地应季水果。

## 根据自己的触觉、视觉、味觉等综合判断

一般是"一闻""二看""三捏"。

一是先闻有没有水果应该有的香味，也闻闻有没有其他的怪味；二是看有没有发黑或者烂的地方；三是捏一捏，看是否局部太软。有怪味、发黑腐烂、局部太软的水果都不要购买。

## 不要盲目追求外在美

很多人认为，颜色鲜艳、个头完整且硕大的水果才是好水果，这就有可能掉入不法商贩利用非法手段伪造外观的陷阱。

## 避免购买切好的水果

水果是维生素C的主要来源，维生素C容易在空气中氧化，高温及阳光都会使其流失，因而预先去皮、切开的鲜果，营养成分可能会降低。英国消费者协会做过一项研究，测试在超市售卖的预先切开的包装蔬果的维生素C含量，研究发现，在13个样本中，4个样本的维生素C含量比标准含量低一半。

## 根据水果的色泽、部位特征、纹理形状等判断

一般来说，无论什么水果，蒂部凹得越厉害往往就越甜；颜色好看有光泽的通常更优质一些；水果的根部是不是够凹，有没有一个圈圈，有的话一般比较甜。

# 手作果酱的工具

### 适当的锅具

　　熬果酱最好不要使用铁锅或铝锅，因为水果中的果酸受热后容易与铁发生化学反应，导致最后熬出的果酱变成黑色；果酱用铝锅来熬也会变色，而且会导致更多的铝进入果酱中，吃多了这种果酱对身体不利。

　　另外，铁锅通常还有铁腥味，在熬煮的过程中这种铁腥味会进入果酱，从而影响到果酱的口感和味道。

　　搪瓷锅、不锈钢锅、奶锅、不粘锅等都是比较好的选择。

### 勺子

　　同样，熬制果酱也最好不用铁制或铝制的勺子。长柄的木勺或竹勺都是不错的选择。

### 面包机

　　不少面包机都会有"果酱"功能，如果怕自己熬制果酱容易熬焦或想要方便快捷地做好果酱，可以尝试使用面包机的"果酱"功能。

### 滤网

　　制作果酱时，有时需要用滤网过滤掉太粗的颗粒，以免影响口感。

### 木铲

　　熬制果酱需要用铲子不停地搅拌以防粘锅，而和选用锅具的道理一样，最好不用铁铲和铝铲，选择木铲比较好。

### 玻璃罐

　　果酱熬制好后，需要使用密封的玻璃罐保存。可以选择 250 毫升、500 毫升或者 350 毫升左右容积的。装果酱的瓶子应该是干净、干燥的，还要无水、无油。

　　也可以把家中闲置的旧玻璃罐、广口玻璃瓶洗干净，消毒、干燥后用来保存果酱，变废为宝。

### 搅拌机 / 料理机

　　有些果酱在熬制过程中难以煮成黏稠、溶烂的状态，因此在熬制前可能需要使用搅拌机或料理机先把切好的水果块搅拌成泥状，使熬煮出来的果酱口感更佳。

### 手持式搅拌器

　　手持式搅拌器方便快捷，如果没有搅拌机或嫌搅拌机清洗麻烦的话，也可以使用手持式搅拌器将切好的水果搅烂或将煮好的果酱打成泥状。

### 擦丝器

　　柠檬是制作果酱常用的食材，无论是柠檬皮还是柠檬汁，都经常被加入果酱中提味及延长果酱保质期。可以用擦丝器擦出柠檬皮屑加入果酱中，以增加风味，又不会破坏口感。

### 厨用量杯

　　制作果酱时，如果把握不好水果与糖分的比例，就容易坏了一整锅果酱。担心自己不能较好地控制比例，可以使用量杯，按照食谱的用量来制作果酱。

# 手作果酱的熬制

## 制作果酱的关键步骤

### 瓶罐消毒

果酱瓶消毒是保存果酱的关键之一，消毒方式有两种：

烤箱消毒法：将果酱瓶先用清水洗干净，特别注意瓶内边缘和开口螺纹处；把瓶子放入烤箱，用100℃烘烤约5分钟消毒即可。

沸水消毒法：将果酱瓶放进煮沸的水中，将果酱瓶放进沸水中消毒5分钟取出。将瓶倒立放置晾干，直到水分完全蒸发后才可使用。

### 处理水果

不同水果应该采用不同的清洗与处理步骤。原则上，清洗的方式包括冲洗、刷洗、浸洗、漂洗等，例如苹果冲洗后再去皮、去核，草莓要浸泡、漂洗、沥干后再去蒂等，目的是要去除农药、染剂和脏污。而水果的基本处理方法有去皮、去籽、去核、去白膜等程序，之后再切成所需的水果形状和大小，水果形状和大小会直接影响果酱熬煮的时间和口感。

### 糖渍冰镇

糖渍冰镇这个步骤的目的是让冰糖溶化，利用渗透的原理，让水果细胞中的水分释出，使之软化脱水，并使水果果肉、冰糖、柠檬汁更加融合。建议最好放进冰箱中冷藏10~12小时，若达不到此要求，至少也需4小时。

### 搅拌熬煮

以中、大火熬煮较为合适，待煮沸后再视果酱浓缩状况调整火力，但即使调整为小火仍不得过小，以免果酱不易凝结。熬煮果酱的总时间在30~45分钟，但应根据气温高低、水果含水量多少、炉火大小及糖、水的添加量而酌情增减。

### 趁热装瓶

果酱煮好后，应趁果酱仍在85℃以上时装瓶（温度低于80℃装瓶容易滋生细菌），装至八九分满即可，并立刻盖上瓶盖锁紧。

### 真空保存

果酱装瓶时不要装满，保留些许空隙，是为了让果酱瓶倒扣时可以将多余的空气挤压出来，使果酱瓶内具有真空的效果，同时也利用果酱的高温热气帮瓶盖杀菌。

# 手作果酱的要领

## 把握好果酱的甜酸比例

　　水果与糖的比例一般约为3:1。对于酸的水果，糖可增加到水果的一半量；较甜的水果，糖量可减至水果的四分之一或更少。冰糖与糖的比例最好是1:1，这样熬出来的果酱口感较好。糖不可太少，因为糖在与水果的熬煮过程中，对水果的高渗透作用可以阻止细菌滋生，它本身就是最好的天然防腐剂。糖还有助于水果果胶的析出，而小火慢熬和不停搅拌的方式也有助于水果果胶的析出。若水果果胶出不来，果酱的黏稠度不够，就会影响口感和储存时间。

## 注意火候大小及温度

　　如果要用锅熬煮果酱的话，需先用大火将果酱煮沸，再转小火慢慢熬煮，避免果酱焦煳。另外，在熬煮过程中，最好边用勺子搅拌均匀，边撇去果酱上的浮沫。

## 自制果酱需遵循的原则

　　自制果酱不添加任何香精，口感自己把握，只遵循这样一个原则：甜的水果加酸，酸的水果多加糖。比如，像草莓、菠萝、山楂这样酸甜的水果，要多加糖；而像苹果、芒果这样甜度大的水果，要多加柠檬汁，以丰富果酱的口感。水分多的水果，直接熬煮；水分少的水果，如桃子、金橘、山楂等可以适量加水。

## 把握好果酱的黏稠度

　　大部分水果熬制的整个过程不需要放水，因为果肉本身水分含量比较多，和糖一起煮后水分就会出来，变成稀稀的状态。对于水分较多的水果，可以添加淀粉或麦芽糖来增加果酱的黏稠度。果酱一般煮到浓稠，比你想要的果酱稠度稍稀的状态时，就可以关火了，因为等果酱凉透后，黏稠度会增加。

　　但如何判断果酱是否已经"黏稠"了呢？此处提供5个方法。

　　温度测量法：使用专门温度计，测量果酱已经达到104℃，即已经煮好，可以关火装瓶。

糖度测量法：使用专门的糖度计，测量果酱糖度已达到 65 度，即已经煮好。但糖度计太过专业，家庭制作不好操作。

水滴法：取少量热果酱滴入冷水中，果酱不散开，并且呈现出下沉趋势时即可。

起皱测试法：在瓶盖上滴少许果酱放入冰箱冷冻层，片刻后拿出，用指腹轻推果酱，若表面会产生褶皱，表示已熬好。

观察法：感觉熬至差不多时，即用勺子轻刮锅底，如果果酱流速较慢、形成的小路不会马上闭合，则表示已熬好。

# 手作果酱的保存

自制的果酱如果变质或者处理不当，很可能产生致病的病菌，因此一定要注意在推荐的食用时间内食用。而使用罐子之前一定要清洗消毒，如果有的罐装食品存放时没有密封好，就要扔掉。另外，如果食物闻起来有异味，或者发霉、变色，也要立即扔掉。

## 保存果酱的关键步骤

因为家庭手作果酱一般不加任何防腐剂和添加剂，如果要安全地储存果酱，使其不容易变质、变味尤为重要。一般来说，想要有效储存果酱、延长保质期，主要有以下几个重要步骤：

### 充分杀菌

一般人都觉得甜的食物容易坏，但是在果酱身上可是恰恰相反的。这是因为在熬煮时糖可以促进水果中的水分熬煮出来，如此就能使杀菌的作用更加彻底，没有了细菌，自然在保存的期间就不容易变质。

制作果酱时，长时间的熬煮也具有充分杀菌的作用，可以防止果酱保存时内部变质腐坏或发酵。但由于家庭自制果酱的整个过程难以实现无菌控制，可能存在细菌污染的风险，所以做好的果酱要趁热装入已消毒杀菌后的容器，立即封盖保存。

### 容器消毒

储存果酱以玻璃瓶（耐热防爆的玻璃瓶）为最好。将其彻底清洗之后，高温蒸煮15分钟左右，控干水后可放烤箱低温烘干，使其充分消毒并完全沥干水分。

### 趁热装瓶

果酱的储存中最重要的一点：做好的果酱在温度不低于85℃的时候装入可以密封的玻璃瓶中，不应过满，距离瓶口1厘米左右。封好瓶盖后再倒扣约10分钟逼出空气灭菌，防止在冷却时空气中的细菌掉落在果酱上；接着可以正立，以冷水冷却至37℃后放冰箱冷藏保存即可，当然也可以一直倒扣至常温后再放冰箱冷藏。

也可在趁热装瓶后立即上锅再蒸10~20分钟，或整瓶浸入水中煮10分钟，取出擦干瓶身，倒扣瓶子，待完全凉透后入冰箱冷藏保存，这种方法可保存3~5个月。

## 尽快食用

　　自制果酱应放冰箱并冷藏，并尽快食用。一次制作量不宜大，最好现制现吃，避免长时间储藏。真空的瓶子里，可存放 1 个月左右，开盖后最好 1 周内吃完，且每次食用时，要用干爽洁净的勺子将果酱舀出，因为自制果酱没用防腐剂，开盖后容易腐坏。

# 手作果酱的保存期限

手作果酱中，糖分的多少直接决定了果酱保质期限的长短。事实上，家庭自制果酱的保质期除了和糖分比例、温度有关系之外，还和包装的严密程度及果酱本身的洁净程度有很大关系。那么，不加糖、不加任何防腐剂的果酱在常温或冰箱冷藏等不同温度条件下，分别能保存多长时间呢？

## 常温保存

在常温 10~25℃ 范围之内，保存期一般是 1 天，也就是 24 小时左右。当天吃不完，最迟放至第二天，还需要注意有没有异味产生，如有异味就不要再食用了。

## 冷藏保存

在冰箱冷藏室里保存果酱，温度在 2~6℃ 范围之内，保存时间为 3~5 天。制作好之后到放入冰箱前的时间越短，在冰箱的保存时间越长。

## 25℃以上温度保存

手作果酱在超过 25℃以上的温度环境下保存时，不要超过 8 小时。温度越高，保存时间越短，在 33℃以上可能连 8 小时都保存不了，半天即馊掉。

## 冷冻保存

在冰箱的冷冻柜里保存,保存温度在 −5℃甚至更低的情况下,可以保存 1~2 个月,甚至更长时间。

# 第二章
## 香甜鲜果，
## 原汁原味的果实诱惑

# 苹果果酱

🕐 烹饪时间: 60 分钟　⊟ 可冷藏 2 个月　🫙 约 450 克

## (材料)

苹果 700 克
白砂糖 180 克
黄油 30 克
盐适量

## (做法)

1. 苹果削皮去芯，切小块，浸盐水中约 15 分钟。

2. 锅中撒白砂糖煮至溶化成焦糖状，加入苹果。

3. 再加入适量黄油，煮至溢出香味。

4. 继续搅拌，将苹果压成泥，煮至果酱显出光泽、呈浓稠状时，即可装入用热水消毒过的广口瓶中（趁热装瓶），锁紧瓶盖后倒置。

## (美味小诀窍)

最好挑选稍酸的苹果作原料。若苹果不带酸味，可适当加入柠檬汁以增加酸味。

# 李子果酱

⏱ 烹饪时间：30 分钟　　⊟ 可冷藏 1 个半月　　⊔ 约 400 克

## 材料

李子 600 克
柠檬半个
冰糖 200 克
麦芽糖适量

## 做法

1. 李子洗净，去核，切块。
2. 放进锅中，加入冰糖，用中小火熬制。
3. 加入适量麦芽糖，搅拌。
4. 煮至黏稠后，挤入柠檬汁调味即可。

## 美味小诀窍

没有麦芽糖可不放，但加入麦芽糖可增加黏稠度，并起到防腐的作用。

**营养成分**

西柚中富含果胶，有降低胆固醇的作用。同时含有宝贵的天然维生素 P 和可溶性纤维素，对维生素 C 的吸收有极大促进作用。

# 西柚果酱

⏱ 烹饪时间：150 分钟　⊟ 可冷藏 2 个月　🫙 约 450 克

 **材料**

西柚 500 克
柠檬 1 个
白砂糖 200 克

**做法**

1. 西柚剥开去皮，取果肉；
   柠檬洗净备用。
2. 处理好的西柚果肉进锅，
   加白砂糖，中火煮开。
3. 不断搅拌，至汁水收缩。
4. 擦入柠檬皮屑，煮至浓
   稠即可。

**美味小诀窍**

煮至浓稠时，取一滴果酱滴入冷水中会成酱状，而不是分散状，就是煮好了。也可用
勺子在锅底划一下，能看见锅底即可。

# 柳橙果酱

🕐 烹饪时间：80 分钟　　▭ 可冷藏 2 个月　　▯ 约 300 克

**营养成分**

柳橙中含有丰富的膳食纤维、维生素 A、维生素 C 等成分，具有生津止渴、助消化、美白皮肤等功效。

柳橙 600 克
柠檬半个
白砂糖 200 克

**做法**

1. 将柳橙果肉取出，切片。

2. 加入白砂糖。

3. 擦入柳橙皮屑，中小火
   熬煮。

4. 将柠檬汁挤入锅里熬煮，
   并不断搅拌。

5. 用隔渣网滤掉杂质。

6. 待果酱呈浓稠状，关火，
   将果酱装入罐内，放入
   冰箱冷藏即可。

**美味小诀窍**

每日早餐只吃燕麦太单调？试着舀上一勺柳橙果酱，再搅拌均匀，让燕麦的醇香与果
酱的清甜融合，营养美味开启新的一天。

# 猕猴桃果酱

🕐 烹饪时间：60 分钟　⊟ 可冷藏 1 个半月　🫙 约 300 克

猕猴桃 500 克

白砂糖 200 克

柠檬 30 克

**做法**

1. 猕猴桃洗净去皮，把果肉切成块状。

2. 取白砂糖与水果拌匀，放置 1 小时以上，让其中的果胶析出。

3. 然后移入锅中，小火煮至果肉软烂。

4. 用勺子压烂之后继续小火加热，并不停搅拌。

5. 搅拌至八九成黏稠的时候挤入适量柠檬汁，搅拌均匀，以增加清香度。

6. 待水分蒸发、果酱非常黏稠时即可关火，趁热装入无水无油的玻璃罐中，晾凉至常温后移至冰箱冷藏。

**美味小诀窍**

猕猴桃里面的白芯很难煮烂，切丁时需将其去掉，以免影响口感。

# 柑橘果酱

🕐 烹饪时间：50 分钟　　▯ 可冷藏 2 个月　　🫙 约 300 克

材料

柑橘 500 克
白砂糖 250 克
柠檬半个
水 400 毫升

做法

1. 柑橘去皮取瓣，再去内表皮，取出果肉。

2. 剥下的橘皮去掉白膜，切成细丝，换两次水，每次各煮 3 分钟，去除苦味。

3. 煮好的橘皮丝捞出，备用。

4. 将剥好的橘肉倒入锅中，倒入白砂糖，熬煮至果肉软烂。

5. 挤入柠檬汁，中小火熬煮，不断搅拌。

6. 加入橘皮丝，小火慢煮至黏稠即可。

美味小诀窍

市面上的果味酸奶有多种添加剂，不如用纯天然无添加剂的果酱搭配原味的酸奶，绝对更好吃、更健康！

# 蓝莓果酱

🕐 烹饪时间：40 分钟　　⊟ 可冷藏 2~3 天　　🫙 约 300 克

（材料）

蓝莓 600 克

白砂糖 120 克

柠檬半个

（做法）

1. 蓝莓洗净滤干，放入锅中。

2. 加入白砂糖，小火熬煮至半液体状。

3. 擦入柠檬皮屑，挤入柠檬汁，中火煮沸，继续煮至酱
   汁黏稠即可。

# 蜂蜜柚子酱

🕐 烹饪时间: 45 分钟　　⊟ 可冷藏 2 个月　　🫙 约 450 克

（材料）

柚子 1 个
白砂糖 200 克
蜂蜜 80 克
盐 3 克
水 500 毫升

（做法）

1. 剥开柚子，取出果肉部分。

2. 取柚子皮，去掉柚子皮
   和柚子肉中间的白色部
   分，皮越薄越好。

3. 将柚子皮切成细丝。

4. 将柚皮丝放入淡盐水中浸
   泡 15 分钟。

5. 锅中加入 500 毫升水和
   白砂糖，烧开后转小火，
   先煮一下柚皮丝。

6. 待柚皮丝煮至透明状，再
   下入柚子果肉一起大火
   煮开，然后转小火慢煮，
   搅拌。熬至黏稠状关火，
   晾至温热时倒入蜂蜜，
   搅拌均匀，装瓶即可。

（美味小诀窍）

柚子皮放入的量是柚子肉的四分之一，这个比例口感较好。

# 菠萝果酱

🕐 烹饪时间：200 分钟　　□ 可冷藏 2 个月　　🫙 约 400 克

**材料**

菠萝 500 克
白砂糖 150 克
麦芽糖 80 克
柠檬半个

**做法**

1. 菠萝处理好，果肉切成
   块状。

2. 菠萝块用手持式搅拌器
   稍稍搅拌，制成果泥。

3. 搅拌好的菠萝果泥加白
   砂糖，封上保鲜膜，放
   冰箱冷藏 3 小时。

4. 取出果泥，倒进锅中，
   中小火煮开。

5. 加麦芽糖，拌煮至黏稠。

6. 挤入柠檬汁，继续熬煮 5
   分钟即可。

**美味小诀窍**

菠萝用搅拌器搅拌时，不必打得太烂，稍微留点颗粒状口感更好。

# 第三章
## 双料果酱，
## 口感丰富的双重美味

# 苹果山楂酱

🕐 烹饪时间: 80 分钟　☐ 可冷藏 1 个月　🫙 约 450 克

材料

山楂 500 克
苹果 300 克
柠檬 1 个
白砂糖 150 克

做法

1. 苹果洗净去皮，切块。

2. 山楂洗净去核，切成薄片
   后再略切碎。

3. 将苹果和山楂加白砂糖拌
   匀，略腌至有水分渗出时，
   用中小火慢煮。

4. 边煮边搅动，至果酱黏稠。

5. 刮入柠檬皮屑。

6. 至果肉变细腻，关火，挤
   入半个柠檬汁，拌匀即可。

美味小诀窍

如果不想将苹果、山楂切细末，也可以将其切成小块，放进料理机打烂。

# 芒果西柚果酱

烹饪时间：40 分钟　可冷藏 2 个月　约 300 克

（材料）

芒果 300 克

西柚 150 克

白砂糖 150 克

柠檬半个

（做法）

1. 西柚去皮，取果肉。

2. 芒果去皮，取果肉，切小块。

3. 将处理好的果肉放入锅中，加入白砂糖。

4. 开火熬煮，至水分析出。

5. 不断搅拌，续煮至果肉溶烂。

6. 挤入柠檬汁，继续搅拌至黏稠即可。

（美味小诀窍）

酸酸甜甜的芒果加西柚制成的果酱，搭配上可口的心太软巧克力蛋糕，每一口都是幸福的味道。

# 雪梨百香果果酱

🕐 烹饪时间：40 分钟　　⊟ 可冷藏 2 个月　　🫙 约 300 克

**材料**

雪梨 500 克
百香果肉 100 克
白砂糖 200 克

**做法**

1. 将雪梨去皮、核，切片。

2. 用勺子把百香果的果肉挖出来。

3. 将白砂糖、百香果肉、雪梨薄片混合拌匀。

4. 用保鲜膜封好，放进冰箱冷藏一夜。

5. 冷藏至白砂糖全溶化后，将材料放入锅内，开中火煮至沸腾。

6. 不断搅拌，刮去浮沫，煮至黏稠后将果酱装入晾干的玻璃瓶中。

**美味小诀窍**

装瓶后可将果酱瓶正放于室温 3~7 天，使果酱熟成，再放进冰箱的冷藏室保存。

# 百香芒果酱

🕐 烹饪时间：30 分钟　　⊟ 可冷藏 2 个月　　🫙 约 350 克

芒果 500 克

百香果肉 100 克

白砂糖 100 克

柠檬 30 克

做法

1. 芒果取果肉，切小块。

2. 百香果剖开，用勺子刮出
   果肉。

3. 用滤网滤掉百香果果核。

4. 加入白砂糖，开中火熬煮。

5. 熬煮的过程中要不断搅拌。

6. 擦入柠檬皮屑，煮至浓稠
   即可。

美味小诀窍

面包虽健康，但总是少了点味道。涂上点自制的百香芒果酱，瞬间美味升级。

# 百香水蜜桃酱

⏱ 烹饪时间：45 分钟　　▯ 可冷藏 2 个月　　▮ 约 300 克

### 营养成分

水蜜桃中含有丰富的维生素和矿物质，蛋白质含量也比一般水果高很多，有美肤、清胃、润肺等功效。

**材料**

百香果 30 克
水蜜桃 400 克
白砂糖 200 克

**做法**

1. 水蜜桃去皮，切成小块，放进锅中。
2. 百香果剖开，用勺子舀出果肉，用滤网隔掉黑色的籽。
3. 加入白砂糖。
4. 开火熬制。
5. 期间要不断搅拌。
6. 熬煮至水蜜桃果肉溶烂黏稠即可。

**美味小诀窍**

水蜜桃很难熬烂，在熬煮过程中除了要不断搅拌，还要借助木铲把水蜜桃压烂。

# 太妃风味香蕉果酱

🕐 烹饪时间：30 分钟　⊟ 可冷藏 1 个月　🫙 约 500 克

香蕉 500 克
白砂糖 250 克
黄油 50 克
动物性淡奶油 200 毫升
盐 3 克

做法

1. 香蕉去皮，切成片，在平底锅内加入白砂糖，用中小火干炒。

2. 至白砂糖全部熔化，呈琥珀色后关火，加入黄油拌匀。

3. 加入动物性淡奶油，中小火煮沸。

4. 加入少量盐，搅拌调味。

5. 加入切好的香蕉片，继续熬煮。

6. 用勺子将香蕉片压烂，一边熬煮一边搅拌，至黏稠即可。

美味小诀窍

想让味道更香醇，可以在煮果酱的时候再加一点点巧克力屑。

# 巧克力香蕉酱

🕑 烹饪时间：40 分钟　📖 尽快食用　🫙 约 450 克

## 材料

香蕉 500 克
巧克力 40 克
白砂糖 40 克
黄油 20 克
盐 3 克

## 做法

1. 香蕉去皮，切成小段。

2. 锅中加入黄油，小火熔化。

3. 倒入切好的香蕉段，中小火加热。

4. 加入白砂糖，并不停搅拌，防止煳底。

5. 加少许盐调味，搅拌均匀，同时把香蕉段压烂。

6. 待香蕉酱黏稠时，加入巧克力，小火加热并不停搅拌，至完全融化即可。

## 美味小诀窍

果酱做好后不可放入冰箱保存，以免变硬，应尽快食用。

# 柠香木瓜酱

🕐 烹饪时间：100 分钟　　▤ 可冷藏 2 个月　　🫙 约 450 克

木瓜 800 克
白砂糖 80 克
冰糖 80 克
柠檬半个

（做法）

1. 木瓜去皮、籽，果肉切成
   小丁。
2. 擦入柠檬皮屑调味。
3. 将木瓜果肉、柠檬皮屑、
   冰糖、白砂糖混合均匀，
   腌渍 1 小时。
4. 中火熬煮，并不断搅拌，
   避免煳锅。
5. 煮至黏稠时挤入柠檬汁，
   继续煮5分钟左右即可。
6. 冷却至 60℃左右时，装
   入无油无水的干净密封
   盒子或罐子里，冷却后
   放进冰箱冷藏。

（美味小诀窍）

如不喜欢果酱带有颗粒感，可用搅拌机将木瓜打成糊状再煮。

# 柠香无花果酱

**材料**

柠檬 1 个
无花果 400 克
白砂糖 200 克

🕐 烹饪时间：30 分钟　　可冷藏 2 个月　　约 300 克

**做法**

1. 新鲜无花果洗干净，对半切开。
2. 切好的无花果放入锅中，加入白砂糖。
3. 开火熬煮，并不断搅拌至果肉溶烂，挤入柠檬汁。
4. 擦入柠檬皮屑，继续搅拌至黏稠即可。

**美味小诀窍**

无花果皮不需要去掉，如果难以熬烂，可以用手持式搅拌器打烂。

# 枇杷雪梨酱

🕐 烹饪时间：30 分钟　　⊟ 可冷藏 2 个月　　🫙 约 250 克

枇杷 100 克

雪梨 300 克

白砂糖 200 克

柠檬半个

（做法）

1. 枇杷去皮、核,切成小块。

2. 雪梨去皮、核,切成小块。

3. 切好的枇杷块、雪梨块
   放入锅中,加入白砂糖。

4. 开火熬制。

5. 期间不断搅拌。

6. 挤入柠檬汁,继续搅拌至
   黏稠即可。

（美味小诀窍）

可适当加入蜂蜜,增加黏稠度的同时,增强润肺的效果。

# 榴莲青椰酱

🕐 烹饪时间：30 分钟　⊟ 可冷藏 2 个月　🫙 约 250 克

**材料**

青椰 1 个
榴莲肉 300 克
白砂糖 200 克

**做法**

1. 青椰劈开，倒出椰汁。
2. 取出果肉，放入锅中。
3. 榴莲取出果肉，放入锅中，加入椰肉、白砂糖。
4. 开火熬制，并不断搅拌。
5. 倒入 100 毫升椰汁，继续搅拌。
6. 煮至收水，呈黏稠状即可。

**美味小诀窍**

青椰果肉可稍微切细，不需煮至溶烂，略微有些颗粒口感会更好。

# 第四章
## 浪漫花草，
## 鲜花香草的别样情怀

# 洛神花火龙果果酱

⏱ 烹饪时间：60 分钟　☐可冷藏 2 个月　🫙约 500 克

## 材料

火龙果 600 克
干洛神花 5 克
白砂糖 200 克

## 做法

1. 火龙果去皮，切成块。
2. 火龙果块放进锅中，加入白砂糖，中小火加热。
3. 待火龙果块煮至半透明状，加入洗净的干洛神花。
4. 继续熬煮至黏稠，用筷子将洛神花挑出即可。

## 美味小诀窍

洛神花也可以放进隔渣袋内与果酱一起熬煮，煮好后再捞出，使用更方便。

# 玫瑰雪梨果酱

⏱ 烹饪时间：50 分钟　　⊟ 可冷藏半个月　　🫙 约 450 克

## 材料

雪梨 600 克
干燥玫瑰花 8 克
麦芽糖 150 克
白砂糖 100 克
柠檬 1 个

## 做法

1. 将雪梨去皮、核，切块。

2. 一起放进锅中，加入白砂糖熬煮。

3. 挤入柠檬汁，加入去除花蒂的玫瑰花瓣拌煮；加入麦芽糖，转小火继续熬煮，熬煮时必须不停地搅拌。

4. 用手持式搅拌器打烂，继续拌煮至酱呈浓稠状即可。

## 美味小诀窍

如果不喜欢有颗粒的口感，可以把雪梨切丁后全部用搅拌器打成泥状再熬煮。

# 迷迭香青葡萄酱

⏱ 烹饪时间：60 分钟　　▭ 可冷藏 2 个月　　▯ 约 300 克

## 营养成分

迷迭香含有鼠尾草酸、鼠尾草酚、迷迭香酚、熊果酸、迷迭香酸等抗氧化成分，具有镇静安神、醒脑等作用，对消化不良有一定的改善作用。

## 材料

青葡萄 500 克
迷迭香 2 克
白砂糖 150 克
青柠 2 颗

## 做法

1. 青葡萄洗净，对半切开。
2. 洗净的青葡萄放入锅中，加白砂糖。
3. 挤入一颗青柠汁，拌匀腌渍半小时。
4. 腌渍完毕后，开火熬煮。
5. 煮至出水，加入迷迭香。
6. 煮至黏稠时，再挤入另一颗青柠汁即可。

## 美味小诀窍

如果不喜欢迷迭香的口感，可用隔渣袋装起来一同熬制，煮好后再将其捞出弃掉即可。

# 薄荷猕猴桃酱

🕐 烹饪时间：60 分钟　　▭ 可冷藏 2 个月　　🫙 约 450 克

猕猴桃 600 克

白砂糖 200 克

薄荷叶 5 克

柠檬半个

做法

1. 猕猴桃去皮，切块。

2. 加入薄荷叶。

3. 用手持式搅拌器将猕猴
   桃块及薄荷叶打碎。

4. 加入白砂糖，中小火加
   热至溶化。

5. 煮至收汁时，挤入柠檬汁。

6. 继续熬煮并不断搅拌，煮
   至黏稠状态即可。

美味小诀窍

如果想让果酱更浓稠，可以适当加点麦芽糖。

# 茉莉苹果酱

⏱ 烹饪时间：60 分钟　　▯ 可冷藏 1 个半月　　🫙 约 450 克

## 材料

青苹果 600 克
茉莉花 5 克
白砂糖 100 克
柠檬半个

## 做法

1. 青苹果洗干净，去皮、核，切块。

2. 青苹果块用手持式搅拌器打成泥状。

3. 将青苹果泥放入锅中，加入白砂糖，中火煮开。

4. 待白砂糖完全溶化后，加入茉莉花，挤入柠檬汁，继续搅拌至浓稠即可。

## 美味小诀窍

若想让果酱口感更有层次，可将一半分量打成果泥，一半分量切成 1 厘米见方的丁块，再一起煮。

# 菊花雪梨果酱

烹饪时间：40 分钟　可冷藏 2 个月　约 450 克

**材料**

雪梨 600 克
干燥菊花 5 克
白砂糖 150 克
生姜 30 克
盐 3 克

**做法**

1. 雪梨洗净，去皮、核，切块。

2. 生姜去皮，切片。

3. 将处理好的雪梨块放进锅中，加入白砂糖，中火煮至沸腾，加入少许盐，不断搅拌。

4. 煮至收汁时，用手持式搅拌器将雪梨块及姜片打烂。

5. 将干燥的菊花切碎，加入锅中，继续熬煮。

6. 不断搅拌，煮至黏稠即可装瓶。

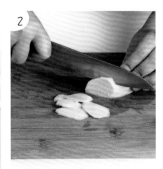

**美味小诀窍**

雪梨和菊花都偏寒凉，但加上生姜刚好中和，变成可口又润肺的菊花雪梨酱了。不需要花哨的搭配，只需开水冲泡开，就可以给肺部"洗洗澡"了。

# 薰衣草哈密瓜酱

🕐 烹饪时间：40 分钟　⊟ 可冷藏半个月　🫙 约 450 克

**材料**

哈密瓜 600 克
薰衣草 10 克
白砂糖 250 克

**做法**

1. 哈密瓜去皮，切小块。
2. 哈密瓜块入锅，放白砂糖，中小火熬制。
3. 煮至收汁时，用手持式搅拌器稍稍搅拌。
4. 加入薰衣草，略煮即可。

**美味小诀窍**

可适当加入蜂蜜，味道更甜蜜。

# 薰衣草蜜橙酱

🕐 烹饪时间：60 分钟　　⊟ 可冷藏 1 个半月　　🏺 约 450 克

**材料**

橙子 600 克
白砂糖 200 克
薰衣草 5 克
柠檬半个

**做法**

1. 将橙子外皮洗净，切瓣，取出果肉，切粒。
2. 将橙子皮去掉白色部分，切细丝，清水浸泡。
3. 锅中倒入果肉，加入白砂糖、橙皮丝，用小火慢慢熬煮，其间用勺子稍稍搅拌几下，以免煳锅。
4. 汤汁慢慢收浓后，挤入柠檬汁，加入薰衣草，熬至果酱变得浓稠透亮即可。

**美味小诀窍**

若不喜欢橙子皮的苦涩味道，在橙子皮浸泡片刻后，入沸水锅焯煮两次，可去除橙子表皮的苦涩味道。

# 香草芒果酱

烹饪时间：60 分钟　｜　可冷藏 2 个月　｜　约 450 克

## 材料

芒果 700 克
白砂糖 250 克
香草荚 1 根
柠檬半个

## 做法

1. 芒果去皮、核，将芒果肉切成小块。

2. 将处理好的芒果块放进锅中。

3. 加入白砂糖，加入剖开的香草籽和香草荚，搅拌均匀。开大火烧开后转中小火慢慢熬。

4. 当果酱熬至黏稠时，挤入柠檬汁。继续熬煮 5~10 分钟，使果酱黏稠油亮、充满果胶。挑出香草荚，趁热将果酱装入消毒好的干燥瓶中，拧紧瓶盖倒扣至凉，然后放冰箱冷藏保存。

## 美味小诀窍

果酱熬制最好要熬煮浓一点，如果水分太多保质期会缩短。

**营养成分**

香茅含有丰富的维生素、钙、镁等物质，用它泡茶喝或调入果酱，有健胃、消脂、滋润皮肤的作用，是女性养颜美容不可或缺的好香草。

# 香茅草莓酱

 **材料**

🕐 烹饪时间：60 分钟　⊟ 可冷藏 2 个月　🫙 约 450 克

草莓 700 克

白砂糖 250 克

香茅 1 根

水 300 毫升

**做法**

1. 草莓去蒂洗净，切小块。

2. 放入锅中，加白砂糖，中火熬煮。

3. 香茅捆好，放入锅中一同熬煮。

4. 熬至草莓软烂黏稠，将香茅挑出即可。

**美味小诀窍**

煮好后需把香茅挑出，以免影响口感。

# 香茅甜瓜酱

**材料**

⏱ 烹饪时间：40 分钟　⊟ 可冷藏 2 个月　🫙 约 450 克

甜瓜 800 克

白砂糖 300 克

香茅 3 克

**做法**

1. 甜瓜洗净去皮，切小块。

2. 放入锅中，加白砂糖，中火熬煮。

3. 香茅捆好，放入锅中一同熬煮。

4. 熬至甜瓜软烂黏稠，将香茅挑出即可。

**美味小诀窍**

甜瓜熬烂需要较长时间，如果没有耐性，也可以先用料理机把甜瓜打烂再熬煮。

# 桂皮甜橙酱

🕐 烹饪时间：30 分钟　　⊟ 可冷藏 2 个月　　🫙 约 400 克

**材料**

橙子 600 克
白砂糖 250 克
柠檬半个
桂皮 3 克

**做法**

1. 将橙子清洗干净，果肉取出，切丁备用。

2. 将橙子皮切丝，放热水中焯煮两次，备用。

3. 白砂糖、橙肉入锅，中小火熬煮。

4. 加入桂皮，继续熬煮。

5. 挤入柠檬汁，继续搅拌熬煮至果酱呈浓稠状。

6. 挑出桂皮，将果酱装入罐内，放入冰箱冷藏即可。

**美味小诀窍**

橙子皮要尽量去除白色部分，切丝后在热水中焯煮两次，可去掉苦涩味。

# 第五章
## 浓郁酒香，
## 美酒鲜果的异域情调

# 红酒雪梨酱

⏱ 烹饪时间：45 分钟　▭ 可冷藏 1 个月　🫙 约 450 克

### 营养成分

红酒中含有较多的抗氧化剂，如酚化物、黄酮类物质、维生素C、维生素E等，能帮助消除或对抗氧自由基，能使皮肤少生皱纹，达到美容养颜的效果。

（材料）

雪梨 700 克
柠檬 1 个
白砂糖 200 克
红酒 50 毫升
百里香叶子 3 克

（做法）

1. 雪梨洗净去皮，切成小块状。

2. 将切好的雪梨块放置锅中，加入白砂糖。

3. 倒入红酒，开火熬煮。

4. 加入洗净的百里香叶子。

5. 不断搅拌，挤入柠檬汁，并用勺子把果肉压烂。煮
   至黏稠即可。

# 红酒苹果果酱

（材料）　🕐 烹饪时间：60 分钟　⊟ 可冷藏 2 个月　🫙 约 250 克

苹果 300 克

白砂糖 200 克

干红葡萄酒 15 毫升

（做法）

1. 苹果洗净去皮，切块。

2. 放入锅中，倒入白砂糖。

3. 倒入干红葡萄酒，开火
   熬煮。

4. 用手持搅拌器打烂，拌
   匀，熬煮至浓稠即可。

**美味小诀窍**

这款果酱最好选用干红葡萄酒，其味道稍微重些，做出来的味道更好。

# 薄荷酒西柚猕猴桃酱

**材料**

⏰ 烹饪时间：60 分钟　⊟ 可冷藏 2 个月　🫙 约 400 克

猕猴桃 300 克
西柚 200 克
柠檬 1 个
白砂糖 250 克
薄荷酒 50 毫升

**做法**

1. 猕猴桃去皮，去白芯，切小块。
2. 西柚去皮，取果肉。
3. 处理好的水果放入锅中，加入白砂糖，开火熬煮。
4. 倒入薄荷酒，搅拌均匀。煮至收汁时，挤入柠檬汁即可。

**美味小诀窍**

如果喜欢酒味重一点的，可以适当多倒点薄荷酒。

# 百利甜焦糖菠萝酱

烹饪时间：40 分钟 ｜ 可冷藏 1 个半月 ｜ 约 400 克

菠萝 500 克

白砂糖 200 克

淡奶油 50 毫升

百利甜酒 30 毫升

做法

1. 菠萝洗净，切块。

2. 白砂糖放入锅中，熬煮
   至焦糖色。

3. 放入菠萝块。

4. 倒入百利甜酒，不断搅
   拌熬煮。

5. 倒入淡奶油。

6. 煮至黏稠即可。

美味小诀窍

如果喜欢香草，也可以在其中加入香草调味。

## 营养成分

口感甜润的朗姆酒搭配果肉细腻的蓝莓，口感芬芳、酸甜适度。其中特有的花青素抗氧化成分有改善皮肤弹性、祛除色斑、美白肌肤的功效。

# 朗姆蓝莓酱

⏱ 烹饪时间：30 分钟　⊟ 可冷藏 2 个月　🫙 约 200 克

## (材料)

蓝莓 300 克
柠檬半个
白砂糖 100 克
朗姆酒 70 毫升

## (做法)

1. 蓝莓洗净，沥干水分，倒入锅中。
2. 倒入朗姆酒，大火煮开。
3. 煮至沸腾时加入白砂糖。
4. 中火熬煮至白砂糖完全溶化，挤入柠檬汁，搅拌继续熬煮至果酱黏稠，略微熬煮后关火。

## (美味小诀窍)

熬煮时注意随时搅拌，防止粘底，并撇去浮沫。

# 薰衣草朗姆西柚酱

⏱ 烹饪时间：60 分钟　　⊟ 可冷藏 2 个月　　🫙 约 450 克

## 材料

西柚 700 克
朗姆酒 50 毫升
白砂糖 300 克
柠檬半个
薰衣草 3 克

## 做法

1. 西柚剥开去皮，取果肉。
2. 处理好的西柚果肉进锅，
   加入朗姆酒。
3. 加白砂糖，中火煮开。
4. 不断搅拌，至西柚出水，
   倒入薰衣草，擦入柠檬
   皮屑，煮至浓稠即可。

## 美味小诀窍

擦入适量柠檬皮屑入锅一起熬煮，可增加风味，丰富口感。

# 威士忌百香青苹果酱

🕐 烹饪时间：45 分钟 　▯ 可冷藏 1 个月 　▯ 约 450 克

青苹果 600 克

百香果肉 80 克

柠檬 1 个

白砂糖 200 克

威士忌 30 毫升

做法

1. 青苹果洗净，去皮，切块，
   放入锅中。

2. 加入百香果果肉。

3. 加入白砂糖，开火熬煮。

4. 倒入威士忌，不断搅拌
   熬煮。

5. 煮烂后，挤入柠檬汁。

6. 继续煮至黏稠即可。

美味小诀窍

在熬煮过程中用勺子把果肉压烂，可以缩短熬制时间。

# 白兰地香蕉酱

🕐 烹饪时间：60 分钟　　▤ 可冷藏 2 个月　　🫙 约 450 克

**材料**

香蕉 300 克
白兰地 10 毫升
白砂糖 150 克
淡奶油 200 毫升
香草荚 1 根

**做法**

1. 香蕉去皮切段，放入锅中。
2. 香草荚切段，去籽，放入
   锅中。
3. 加入白砂糖，开火熬煮。
4. 加入白兰地，搅拌均匀。
5. 加入淡奶油，继续搅拌
   熬煮。
6. 夹出香草荚，煮至黏稠即
   可装瓶冷藏。

**美味小诀窍**

也可加入适量盐调味，味道会更好。

# 葡萄白兰地果酱

⏱ 烹饪时间：60 分钟　🗄 可冷藏 2 个月　🫙 约 350 克

葡萄 500 克
白兰地 15 毫升
白砂糖 300 克
柠檬半个

（做法）

1. 葡萄洗干净，沥干水分，
   对半切开，去籽放入锅中。
2. 锅中加入白砂糖。
3. 倒入白兰地，开火熬煮。
4. 不断搅拌熬煮，以防粘锅。
5. 挤入柠檬汁。
6. 煮至黏稠即可。

（美味小诀窍）

也可以加入一些麦芽糖，做出来的果酱会更黏稠。

# 香槟番石榴果酱

烹饪时间：60 分钟　可冷藏 2 个月　约 450 克

## 材料

番石榴 700 克

白砂糖 200 克

迷迭香 2 克

香槟 80 毫升

## 做法

1. 番石榴洗净，去皮，切块。

2. 放入锅中，加白砂糖。

3. 倒入香槟酒，开火熬煮，
   并不断搅拌熬煮。

4. 煮至出水时加入迷迭香，
   继续熬煮至黏稠即可。

## 美味小诀窍

熬制过程中要不断地搅拌，以免煳锅，影响口感。

# 酒香哈密瓜果酱

⏱ 烹饪时间：60 分钟　⊟ 可冷藏 2 个月　🫙 约 400 克

## 材料

哈密瓜 500 克
白砂糖 300 克
香槟 80 毫升

## 做法

1. 哈密瓜洗净，去皮，切块。
2. 倒入锅中，加入白砂糖。
3. 倒入香槟酒。
4. 开火熬煮，至黏稠即可关火。

## 美味小诀窍

哈密瓜很难煮烂，可以用搅拌器稍微打烂再熬煮。

# 第六章
## 果酱的美味搭配

# 番茄酱

🕐 烹饪时间: 90 分钟 ┠ 可冷藏 2 个月 🫙 约 350 克

## 材料

番茄 500 克
白砂糖 100 克
盐 5 克
柠檬半个

## 做法

1. 将洗净的番茄切 "十" 字花刀，放入热水锅中稍煮过，捞出去皮。

2. 去皮后的番茄去蒂，切成大块。

3. 将番茄块放入锅中，用手持式搅拌器打碎。

4. 将打碎的番茄汁倒入锅中，加入白砂糖，煮开后转小火熬。

5. 熬至黏稠时，加入适量盐。

6. 挤入柠檬汁，继续搅拌，再熬 5 分钟即可。

美味绝配

## 番茄酱+薯条

吃薯条总少不了番茄酱，薯条与番茄酱的搭配简直就是美食界的"神雕侠侣"。而自己手作的番茄酱，更是别有一番风味呢。

# 百里香玫瑰葡萄酱

 烹饪时间：50 分钟　　可冷藏 2 个月　　约 450 克

## 材料

葡萄 600 克
干玫瑰花瓣 10 克
柠檬半个
白砂糖 180 克
百里香叶子 3 克

## 做法

1. 葡萄洗净，对切，去籽。

2. 去籽后的葡萄放入锅中，加入白砂糖。

3. 中火煮开。

4. 加入百里香叶子，不断搅拌，再挤入柠檬汁，搅拌均匀。

5. 干玫瑰花瓣去柄，捏碎，撒入锅中。

6. 转小火慢熬，并不断搅拌，煮至黏稠即可关火装瓶。

**营养成分**

百里香的主要成分为百里香酚、香荆芥酚、芹菜素、柚皮素等多种化合物，具有抗疲劳和减轻精神压力的作用。

**美味绝配**

## 百里香玫瑰葡萄酱
## +
## 牛奶布丁

牛奶布丁虽然香醇好吃，但总觉得少了点什么，何不舀上一勺新制的百里香玫瑰葡萄酱？奶味与鲜果、花草的搭配，一定能让你满意。

# 桂花草莓酱

⏱ 烹饪时间：30 分钟　　⊟ 可冷藏 2 个月　　🫙 约 450 克

**美味绝配**

## 桂花草莓酱 + 切片欧包

草莓的酸甜加上桂花的清香，
抹在营养丰富的切片欧包上，
每一口都是满足。

 **材料**

草莓 500 克
白砂糖 180 克
干桂花 3 克
盐水 400 毫升

**做法**

1. 草莓用盐水浸泡 15 分钟左右；干桂花用水浸泡一下。

2. 将泡好的草莓去蒂，沥干表皮水分，撒上白砂糖。

3. 静置 10 分钟。

4. 将用白砂糖腌渍好的草莓、泡好的桂花倒入锅内。

5. 大火煮草莓，边煮边用勺子搅动，防止粘锅。继续搅拌，煮至草莓软烂，准备无油无水的瓶子，放凉后装瓶密封即可。

# 红糖桂花山楂酱

⏱ 烹饪时间：50 分钟　⊟ 可冷藏 2 个月　🫙 约 150 克

## 材料

山楂 200 克
桂花 3 克
红糖 80 克
白砂糖 80 克

## 做法

1. 将新鲜山楂洗干净，去除山楂核，切小块。

2. 山楂块放入锅中，加入白砂糖。

3. 大火煮开后转小火煮至山楂块软烂。

4. 搅拌熬煮片刻后，加入红糖。

5. 继续用小火熬至红糖溶化、果酱黏稠。

6. 倒入洗干净的桂花，搅拌均匀即可。

### 营养成分

红糖中含有的氨基酸、纤维素等营养成分，具有美容护肤的功效。同时含有的铁质还有补血的功效。

## 红糖桂花山楂酱 + 吐司

果酱最经典的吃法当然是涂抹在吐司上当早餐，以新鲜、健康和甜蜜开启美好一天。

# 清爽迷迭香菠萝酱

🕐 烹饪时间：60 分钟　⬜ 可冷藏 2 个月　🫙 约 450 克

 **材料**

菠萝 700 克
白砂糖 250 克
迷迭香叶子 3 克

**做法**

1. 菠萝处理好，切成小块状。

2. 处理好的菠萝块放入锅中，加入白砂糖，开火熬煮。

3. 煮至出水时，加入迷迭香叶子。

4. 熬煮至变色，用手持式搅拌器打成果泥。

5. 拌煮至黏稠，继续熬煮 5 分钟即可。

# 薄荷柠檬酱

🕐 烹饪时间: 90 分钟　　⊟ 可冷藏 3 个月　　🫙 约 200 克

## 材料

柠檬 300 克
薄荷 5 克
盐 3 克
白砂糖 200 克

## 做法

1. 切开柠檬，取出果肉，去核，切片。
2. 柠檬片去掉白色的内膜，切成细丝，放进盐水浸泡 1 小时后捞出。
3. 薄荷洗净，切碎备用。
4. 柠檬片放入锅中，加入白砂糖，小火熬煮。
5. 放入薄荷碎，不断搅拌。
6. 放入柠檬皮屑，煮至果肉溶烂、黏稠即可。

## 薄荷柠檬酱 + 红茶

薄荷柠檬的清爽与红茶的醇香看似不搭，但彼此的碰撞别有一番风味。冰镇片刻，就变成了自制的美味柠香冰红茶。

# 桂皮金橘酱

⏱ 烹饪时间：30 分钟　▭ 可冷藏 2 个月　🫙 约 300 克

**美味绝配**

## 桂皮金橘酱 + 绿茶

桂皮金橘酱不仅好吃，更有缓解咳嗽的功效。加在绿茶里，美味也是加分不少呢。

 **材料**

金橘 500 克

白砂糖 200 克

桂皮 2 克

蜂蜜 30 克

水 100 毫升

盐 3 克

**做法**

1. 金橘洗净，对半切开，去籽。

2. 处理好的金橘进锅，加入白砂糖，加少量水。

3. 加入桂皮，煮至沸腾。

4. 加少量盐，调味。

5. 煮至浓稠，取出桂皮，用手持式搅拌器稍稍打烂，加入蜂蜜调匀，即可装瓶。

# 白葡萄酒双莓果酱

⏱ 烹饪时间: 60 分钟　☐ 可冷藏 2 个月　🫙 约 400 克

## 材料

草莓 300 克
蓝莓 200 克
柠檬半个
白砂糖 170 克
香草荚 2 克
白葡萄酒 10 毫升

## 做法

1. 草莓去蒂洗净，对半切开；蓝莓洗净。

2. 切好的草莓放入锅中，加上蓝莓。

3. 香草荚切小段，放入锅中。

4. 倒入白砂糖、白葡萄酒，煮至沸腾。

5. 挤入适量柠檬汁。

6. 继续熬煮并不断搅拌，煮至稀烂呈黏稠状态即可。

**美味绝配**

**白葡萄酒双莓果酱**
**+**
**杯子蛋糕**

这款果酱本来就风味极佳，再
搭配上自制的杯子蛋糕，就是
一顿完美的下午茶了。

# 薄荷酒黑加仑果酱

🕐 烹饪时间：50 分钟　　▯ 可冷藏 2 个月　　🫙 约 450 克

**美味绝配**

## 薄荷酒黑加仑果酱 + 奶油蛋糕

奶油蛋糕好吃但易腻，然而加上有薄荷酒清香的黑加仑果酱，就会让你吃到停不下来！

### 材料

黑加仑 600 克
白砂糖 200 克
柠檬半只
薄荷酒 15 毫升

### 做法

1. 黑加仑洗干净，放入锅中，加入白砂糖。
2. 倒进薄荷酒，搅拌均匀，开火熬煮。
3. 不断搅拌，煮至出水。
4. 挤入柠檬汁。
5. 继续搅拌煮至果酱浓稠即可。

# 法式蓝莓甜酒果酱

🕐 烹饪时间: 60 分钟　⊟ 可冷藏 2 个月　🫙 约 450 克

## 材料

蓝莓 600 克
白砂糖 250 克
柠檬半个
黄油 30 克
百利甜酒 15 毫升
淡奶油 50 毫升

## 做法

1. 黄油放入锅中加热至融化。
2. 蓝莓洗净，放入锅中。
3. 加入白砂糖。
4. 倒入百利甜酒，开火熬煮。
5. 倒入淡奶油，充分拌匀。
6. 不断搅拌，并挤入柠檬汁，煮至黏稠即可。

**美味绝配**

### 法式蓝莓甜酒果酱＋冰沙

法式的浪漫加冰沙的清新，蓝莓的风味
被发挥得淋漓尽致。

**营养成分**

百利甜酒的酒精度不高，口味偏甜，含有一定的热量、蛋白质和碳水化合物，有促进食物消化、开胃的作用。

# 威士忌柑橘果酱

⏱ 烹饪时间：30 分钟　⊟ 可冷藏 2 个月　⬭ 约 450 克

## 材料

柑橘 600 克
白砂糖 200 克
威士忌 15 毫升
柠檬半个

## 做法

1. 柑橘去皮，取果肉，放入锅中。

2. 加入白砂糖。

3. 倒入威士忌。

4. 搅拌均匀，中火熬煮。

5. 挤入适量柠檬汁。

6. 不断搅拌，收汁呈黏稠状即可。

**美味绝配**

## 威士忌柑橘果酱＋刨冰

刚打好的刨冰，点缀上鲜艳的柑橘果
酱，这是视觉上的享受，更是味觉上
的盛宴。

# 柑橘红茶酒香果酱

🕐 烹饪时间：60 分钟　☐ 可冷藏 2 个月　🫙 约 200 克

 **材料**

柑橘 300 克

西柚 100 克

红茶叶 3 克

橙子酒 10 毫升

白砂糖 200 克

热水 200 毫升

**做法**

1. 柑橘、西柚分别去皮，取果肉，放入锅中。

2. 红茶叶用热水泡好，待用。

3. 处理好的果肉放入锅中，加入白砂糖，开火熬煮。

4. 倒入橙子酒，不断搅拌熬煮。

5. 煮至略黏时，倒入红茶水，滤掉茶叶，继续熬煮至黏稠即可。

# 后记
## *postscript*

　　纵使市场上的果酱品种多样、琳琅满目，但我仍然独爱自己亲手熬制的果酱。

　　从选购喜爱的水果、好看的容器，到切水果、按自己的口味和水果的特性来添加调料，不断地搅拌，看着锅中的水果慢慢熬出水分、慢慢地沸腾、渐渐溶烂，熬成明亮鲜艳的胶质，再装瓶密封保存，便完成了手作果酱的全部过程。

　　熬制好的果酱不仅外观好看，还天然无添加剂，健康营养。或是作为礼物送给亲朋好友，或是自己享用。在一个阳光明媚的早晨，摆好一片烤得香喷喷的吐司，轻轻地抹上自己亲手制作的果酱，再热上一杯香醇的牛奶，吃一口满是香甜果酱的烤吐司，再喝一口暖暖的香浓的牛奶，吐司的香、果酱的甜、牛奶的醇一瞬间在唇齿间相遇，不得不说是一种美妙的享受！或是一个清闲的午后，泡一壶红茶，再徐徐拌入冷藏好的果酱，静静地享受此刻的悠闲和怡然……

　　一瓶纯天然的手作果酱，实际上表达了对生活的热爱。